RÈGLEMENT

DU MINISTRE DE L'INTÉRIEUR,

DU 9 FRUCTIDOR AN 5.

SOISSONS. — IMPRIMERIE DE EM. FOSSÉ DARCOSSE,
SUCCESSEUR DE Mme Ve BARBIER, RUE DES RATS, 10.

RÈGLEMENT

DU MINISTRE DE L'INTÉRIEUR,

DU 9 FRUCTIDOR AN 5.

CONCERNANT

LES MESURES A PRENDRE A L'EGARD DES ANIMAUX ATTEINTS DE MALADIES EPIZOOTIQUES OU CONTAGIEUSES.

PUBLIÉ PAR M. MATHOREZ,

ARTISTE VÉTÉRINAIRE DE L'ARRONDISSEMENT DE SOISSONS.

SOISSONS,

CHEZ Mme LAMY, LIBRAIRE,

ET A BRAISNE, CHEZ M. MATHOREZ.

1836.

Règlement

DU MINISTRE DE L'INTÉRIEUR,

DU 9 FRUCTIDOR AN 5,

CONCERNANT LES MESURES A PRENDRE A L'ÉGARD DES ANIMAUX ATTEINTS DE MALADIES ÉPIZOOTIQUES OU CONTAGIEUSES.

CHAPITRE PREMIER.

MESURES ADMINISTRATIVES.

1° Tout citoyen, quelque fonction qu'il remplisse, qui aura des chevaux atteints ou soupçonnés *de morve*, ou même de toute autre maladie contagieuse telle que le *farcin*, le *charbon*, la *rage*, le *claveau*, etc., est tenu, à peine de 500 francs d'amende, d'en faire sur-le-champ sa déclaration à l'agent municipal de sa commune qui fera visiter sans délai les animaux affectés ou suspects par l'expert vétérinaire le plus prochain, lequel se transportera à cet effet dans les écuries, étables, bergeries, pour constater l'état des animaux déclarés. (*article premier de l'arrêt du ci-devant conseil*, *du* 16 *juillet* 1784.)

2° Les administrations sont autorisées à nommer autant d'experts qu'elles le jugeront à propos pour procéder auxdites visites. Elles doivent le choisir de préférence parmi les élèves des écoles vétérinaires, et à leur défaut, parmi les maréchaux dont elles connaissent la capacité. (*article 2 idem.*)

3° Les experts désignés sont tenus de prêter leur ministère toutes les fois qu'ils en seront requis par les membres des administrations centrales, des administrations de canton, par les commissaires du Directoire, près les unes et les autres, par les agents des communes et les officiers de gendarmerie pour examiner les animaux suspects. Ils se transporteront à cet effet dans les marchés publics et dans les écuries des maîtres de postes, des entrepreneurs de messageries ou roulages, des loueurs de chevaux et même des particuliers qui leur auront été dénoncés comme ayant des animaux atteints ou suspects de maladies contagieuses. Ils sont tenus, dans ce dernier cas, à se faire autoriser par le juge de paix, et accompagner de l'agent de la commune ou d'un officier municipal. *(article 3 idem.)*

4° Il est défendu aux particuliers chez lesquels les experts se présenteraient ainsi accompagnés, de leur refuser l'entrée de leurs écuries et de s'opposer à ce qu'ils dressent le procès-verbal de leur visite; les parties intéressées peuvent y insérer tels dires et réquisitions qu'elles jugent à propos, et sur lesquels il doit être statué sans délai par le juge de paix qui aura autorisé la visite. *(article 3 idem.)*

5° Il est défendu à tous vétérinaires, maréchaux et autres guérisseurs, sous quelque dénomination que ce soit, de traiter aucun animal attaqué de la morve ou autre maladie contagieuse, sans en avoir fait sa déclaration à l'agent de la commune qui est tenu d'en donner avis au commissaire du Directoire près l'administration de canton, qui doit lui-même en instruire l'administration centrale de département sous peine, pour les uns et les autres, d'être rendus personnellement responsables de tous dommages qui pourraient résulter de leur négligence. *(articles 4 et 11 idem.)*

6° Les animaux suspects de morve ou autre maladie contagieuse, doivent être marqués et tenus dans des lieux isolés et séparés de tous ceux qui contiennent des animaux de la même espèce. Il est défendu, sous la même peine d'amende, de les laisser vaguer dans les pâturages communs (*article* 5 *idem.*)

7° Les chevaux attaqués de la morve, et les autres bestiaux affectés de maladies reconnues incurables par les experts, doivent être abattus sans délai, ensuite ouverts en présence de l'agent municipal, lequel en dressera procès-verbal qu'il fera passer à l'administration centrale. (*article* 5 *idem.*)

8° Les chevaux morts ou abattus à la suite de la morve, et les autres bestiaux morts de maladies contagieuses pestilentielles, doivent être enterrés avec leur peau tailladée, dans des fosses de 5 pieds de profondeur qui ne peuvent être ouvertes qu'à la distance de 100 toises au moins de toute habitation. (*article* 6 *idem.*)

9° Les écuries dans lesquelles ont séjourné des chevaux morveux, seront aérées et purifiées à la diligence des agents des communes et des experts vétérinaires désignés. Les équipages, harnais, colliers, etc. doivent être désinfectés. On sera tenu enfin de se conformer à tout ce qui sera prescrit par les experts pour prévenir le retour de la maladie, le tout sous peine de 500 francs d'amende. (*article* 6 *idem.*)

10° Il est fait défense, sous la même peine, à tous marchands de chevaux et autres, de détourner, sous quelque prétexte que ce soit, vendre ou exposer en vente dans les foires, marchés ou partout ailleurs, des chevaux ou bestiaux atteints ou suspects de morve ou autre maladie contagieuse, et aux hôteliers, cabaretiers, aubergistes, laboureurs, de recevoir dans leurs écuries ou étables ordinaires, aucuns chevaux ou autres animaux atteints de semblables maladies; dans le cas où il s'en présenterait chez eux, ils sont tenus d'en faire aussitôt leur déclaration à l'agent de la commune. (*article* 7 *idem.*)

11° Les administrations centrales sont autorisées à commettre dans l'étendue de leur ressort, tel nombre d'écarisseurs qu'il sera jugé nécessaire, lesquels pourront seuls faire l'écarissage et l'enlèvement des animaux morts ou abattus à la suite de maladies contagieuses dans les arrondissements qui leur seront prescrits. *(article 8 idem.)*

12° Les écarisseurs ne peuvent, sous peine d'amende, de destitution et même de peine plus forte s'il y a lieu, vendre ou débiter aucune viande provenant d'animaux abattus pour être enterrés.

13° Toute personne est autorisée à dénoncer les contraventions qui pourraient être faites aux dispositions relatives à l'existence de la morve et des autres maladies contagieuses, et le tiers des amendes qui seront payées sans déport, appartient au dénonciateur auquel il pourra même être accordé une plus grande récompense, en raison de l'importance de sa dénonciation.

14° Conformément à la loi du 15 frimaire an 6, titre premier, les vétérinaires experts qui seront employés par les administrations, seront payés par ces administrations même, sur les fonds qui leur seront respectivement désignés à cet effet.

CHAPITRE 2.

DISPOSITIONS INSTRUCTIVES.

I.

CARACTÈRE DISTINCTIF DE LA MORVE.

Un cheval est décidément morveux, lorsqu'il jette par une seule narine ou par deux, depuis un mois ou plus, une matière plus ou moins épaisse, sans éprouver d'ailleurs aucune autre altération.

Il est très-rare qu'elle existe sans l'engorgement de glandes de la ganache d'un ou de deux côtés.

La pellicule qui tapisse l'intérieur des narines, est toujours plus ou moins enflammée et souvent ulcérée.

Lorsque la maladie est très-avancée, il n'est pas rare que la narine ou les narines soient en quelque sorte crispées, tuméfiées, les os du nez boursoufflés et soulevés, les yeux larmoyants; les glandes sont alors le plus souvent adhérentes, douloureuses, et la matière du flux épaisse, collante et colorée.

La permanence du flux, sans aucun autre signe maladif, est le caractère vraiment distinctif de cette maladie qui empêche de la confondre avec la gourme, la morfondure, la fausse gourme qui n'existent jamais sans fièvre, etc. C'est donc une erreur de ne reconnaître l'existence de la morve que dans la réunion de flux de glandes et des ulcères, quoique ces trois symptômes l'accompagnent réellement assez souvent, surtout parvenu à son dernier degré.

II.

CAUSES DE LA MORVE.

La morve est produite spontanément, ou elle est l'effet de communication. Les fourrages altérés, l'impression de l'air froid après l'exercice, la gourme mal jetée, la morfondure négligée, des maladies cutanées, répercutées, sont les causes de la première.

La seconde est due à la communication ou à l'usage des harnais, etc. employés aux chevaux atteints de morve.

III.

CONDUITE A TENIR A L'ÉGARD DES CHEVAUX SUSPECTS.

Ils sont de deux classes : 1° ceux qui ont quelques indices de la maladie, tels que flux, etc.

La seconde comprend ceux qui, ayant communication avec des chevaux morveux, ne donnent aucun indice.

Le premier soin doit être de séparer les uns et les autres, d'avec les chevaux affectés, et de tenir dans des écuries particulières et séparées, les chevaux suspects de chaque classe.

On passera à ceux de première classe, un séton au poitrail, on fera des fumigations de mauves, on les mettra au régime, et on leur donnera de bons aliments; la promenade, le pansement de la main, ne doivent pas être négligés.

Idem pour ceux de seconde classe (o); séton, miel (pour toux); injection vinaigrée (pour inflammation); lotions tièdes; cataplasmes de mauve, peau de mouton pour glandes.

IV.

CONDUITE A TENIR A L'ÉGARD DES CHEVAUX AFFECTÉS.

La morve décidée ayant résisté à tous les moyens curatifs, on doit sacrifier les animaux qui en sont atteints.

V.

DÉSINFECTIONS DES ÉCURIES,

ET DES USTENSILES QUI ONT SERVI AUX CHEVAUX MORVEUX.

C'est une erreur de tout brûler.

On recrépit et blanchit le mur de la mangeoire, et celle-ci jusqu'à huit pieds de haut; le reste de l'écurie au lait de chaux.

L'auge etc. sera lavée à l'eau bouillante et brossée; on brûlera de la paille pour les fentes; toiles d'araignées enlevées; le sol enlevé à 4 ou 5 pouces, s'il est en terre, et remplacé; on lavera celui en pavés; on lavera tout ce qui aura été touché par les animaux.

Relativement aux ustensiles, on passe au feu ce qui est en fer; on lave et racle le reste et on huile les cuirs.

FUMIGATION.

Sel marin . . . . 1 livre.
Acide sulfurique . . . . . 1/2 livre.

Le ministre de l'Intérieur,

Signé : FRANÇOIS DE NEUFCHATEAU.

ARRÊTÉ

DU DIRECTOIRE EXÉCUTIF QUI ORDONNE L'EXÉCUTION DES MESURES DESTINÉES A PRÉVENIR LA CONTAGION DES MALADIES ÉPIZOOTIQUES.

DU 27 MESSIDOR AN 6.

Paris, le 23 messidor an 5.

Le ministre de l'Intérieur aux administrations centrales et municipales de la République :

Il règne sur les bêtes à cornes du département du nord et de l'est, une épizootie meurtrière qui s'est annoncée d'abord par des symptômes peu alarmants. Je n'en ai pas plutôt été instruit, que j'ai envoyé de *Paris*, des artistes vétérinaires éclairés pour en prendre connaissance. Des instructions rédigées par eux sur les lieux et à leur retour, ont été publiées et répandues dans tous les pays qu'ils avaient parcourus. La maladie a paru se ralentir pendant quelque temps ; mais elle reprend avec plus de force : la rapidité de ses progrès et le nombre effrayant des animaux qu'elle tue, ne permettent plus de douter qu'elle ne soit contagieuse au plus haut degré. Cet objet étant de la plus haute importance, et les moyens de la police étant les seuls capables d'empêcher la communication, j'ai cru qu'il était de mon devoir de rappeler l'esprit des lois et des règlements rendus en pareille circonstance, et qui n'ont point été abrogés. Je n'ai eu qu'à concilier les dispositions de ces lois avec l'ordre constitutionnel; j'y ajouterai une courte instruction sur la manière reconnue comme la plus propre à prévenir cette maladie, et à la guérir dans les animaux affectés.

MESURES DE POLICE POUR ARRÊTER LA COMMUNICATION.

« Tout propriétaire ou détenteur de bêtes à cornes, à quelque titre que ce soit, qui aura une ou plusieurs bêtes malades ou suspectes, sera obligé, sous peine de 500 fr. d'amende, d'en avertir sur-le-champ l'agent de sa commune qui les fera visiter par l'expert le plus prochain, ou par celui qui aura été désigné par le département ou le canton. » (*Arrêt du Parlement du* 24 *mars* 1745; *arrêt du Conseil du* 19 *juillet* 1746, *article* 3; *autre du* 16 *juillet* 1784, *article* 1er.)

« Lorsque, d'après le rapport de l'expert, il sera constaté qu'une ou plusieurs bêtes seront malades, l'agent veillera à ce que ces animaux soient séparés des autres, et ne communiquent avec aucun animal de la commune; les propriétaires, sous quelque prétexte que ce soit, ne pourront les faire conduire dans les pâturages ni aux abreuvoirs communs, et ils seront tenus de les nourrir dans des lieux renfermés, sous peine de 100 francs d'amende. » (*Arrêt du* 19 *juillet* 1746, *article* 2.)

« L'agent en informera dans le jour, le commissaire du Directoire exécutif du canton auquel il indiquera le nom du propriétaire et le nombre des bêtes malades. Le commissaire exécutif fera part de tout à l'administration centrale du département. » (*Arrêt du Conseil du* 19 *juillet* 1746.)

« Aussitôt qu'il sera prouvé à l'agent, que l'épizootie existe dans une commune, il en instruira tous les propriétaires des bestiaux de ladite commune, par une affiche posée aux lieux où se placent les actes de l'autorité publique, laquelle affiche enjoindra auxdits propriétaires de déclarer à l'agent le nombre des bêtes à cornes qu'ils possèdent, avec désignation d'âge, de poils, de taille etc. Copie de ces déclarations sera envoyée aux commissaires du Directoire exécutif près l'administration municipale du canton, et par celui-ci à l'administration centrale du département. » (*Arrêt du Conseil du* 19 *juillet* 1746, *article* 4.)

« En même temps, l'agent municipal fera marquer, sous ses yeux, toutes les bêtes à cornes de sa commune avec un fer chaud représentant la lettre **M.** Quand l'administration centrale du département sera assurée que l'épizootie n'a plus lieu dans son ressort, elle ordonnera une contre marque telle qu'elle jugera à propos, afin que les bêtes puissent aller et être vendues partout, sans qu'on ait rien à en craindre. » (*Arrêt du conseil du* 19 *juillet* 1746; *et arrêt du conseil du* 16 *juillet* 1784.)

« Afin d'éviter toute communication des bestiaux de pays infestés, avec ceux de pays qui ne le sont pas, il sera fait de temps en temps, des visites chez les propriétaires de bestiaux dans les communes infestées, pour s'assurer qu'aucun animal n'en a été distrait. » (*Arrêt du* 24 *mars* 1745, *article premier.*)

« Si, au mépris des dispositions précédentes, quelqu'un se permet de vendre ou d'acheter aucune bête marquée dans un pays infesté, pour la conduire dans un marché ou foire, ou même chez un particulier de pays non infesté, il sera puni de 500 francs d'amende. Les propriétaires de bêtes qui les feront conduire par leurs domestiques ou autres personnes, dans les marchés ou foires ou chez des particuliers de pays non infestés, seront responsables du fait de ces conducteurs. » (*Article* 5 *et* 6 *de l'arrêt du conseil du* 19 *juillet* 1746.)

« Il est enjoint à tout fonctionnaire public qui trouvera sur les chemins, ou dans les foires ou marchés, des bêtes à cornes marquées de la lettre **M**, de la conduire devant le juge de paix, lequel les fera tuer sur lechamp en sa présence. » (*article* 7 *de l'arrêt du Conseil du* 19 *juillet* 1746.)

« Pourront néanmoins les propriétaires de bêtes saines en pays infesté en faire tuer chez eux, ou en vendre aux bouchers de leurs communes, mais aux conditions suivantes :

« 1° Il faudra que l'expert ait constaté que ces bêtes ne sont point malades.

« 2° Le boucher n'entrera point dans l'étable.

« 3° Le boucher tuera les bêtes dans les 24 heures.

« 4° Le propriétaire ne pourra s'en dessaisir et le boucher les tuer, qu'il n'en ait la permission par écrit, de l'agent qui en fera mention sur son état. Toute contravention à cet égard, sera punie de 200 francs d'amende. Le propriétaire et le boucher demeurant solidaires » (*article* 8 *de l'arrêt du Conseil du* 19 *juillet* 1746.)

« Il est ordonné de tenir dans les lieux infestés, tous les chiens à l'attache, et de tuer tous ceux qu'on trouverait vaguant. » (*loi du* 19 *juillet* 1791.)

« Tout fonctionnaire public qui donnera des certificats et attestations contraires à la vérité, sera condamné à 1000 francs d'amende et même poursuivi extraordinairement. » (*article* 14 *de l'arrêt du* 24 *mars* 1745.)

« Dans tous les cas où les amendes pour des objets relatifs à l'épizootie seront appliquées, aucun juge ne pourra les remettre, ni les modérer; les jugements qui interviendront en conséquence, seront exécutés par provision, et les délinquants au surplus, soumis aux lois de la police correctionnelle. » (*article* 7 *et* 8 *de l'arrêt du parlement de* 1745, *articles* 15 *de celui du Conseil de* 1746, *et article* 12 *de celui de* 1784. »

« Aussitôt qu'une bête sera morte, au lieu de la traîner, on la transportera à l'endroit où elle doit être enterrée qui sera, autant que possible, au moins à 50 toises des habitations; on la jetera seule dans une fosse de 8 pieds de profondeur, avec sa peau tailladée en plusieurs parties, et on la recouvrira de toute la terre sortie de la fosse. Dans le cas où le propriétaire n'aurait pas la facilité d'en faire le transport, l'agent municipal en requérera un autre et même les manouvriers nécessaires, à peine de 50 francs contre les refusants. Dans les lieux où il y a des chevaux, on préférera de faire traîner par eux, les voitures chargées de bêtes mortes, lesquelles voitures seront lavées à l'eau chaude après le transport. Il est défendu de les jeter dans les bois, dans les rivières ou les voiries, et de les enterrer dans les étables, cours et jardins, sous peine de 500 francs d'amende et de tous dommages et intérêts. » (*article* 5 *de l'arrêt du parlement de* 1745, *et article* 6 *de celui du conseil de* 1784.)

« Enfin, les corps administratifs, conformément au décret du 28 septembre 1791, employeront tous les moyens de prévenir et d'arrêter l'épizootie, et en conséquence, le gouvernement compte sur leur zèle pour faire faire des patrouilles, mettre la plus grande célérité dans l'exécution des lois, et ne rien épargner, soit pour préserver leur pays de la contagion, soit pour en arrêter les progrès. Lorsque l'épizootie sera déclarée dans leur ressort, ils sont chargés d'en informer les administrations des départements voisins, et je leur recommande expressément de m'en faire part sur-le-champ, ainsi que des progrès que pourra faire la maladie. »

Ce n'est qu'en suivant avec une rigueur scrupuleuse les mesures que j'ai indiquées, qu'il sera possible de prévenir dans la plupart des départements, et d'arrêter, dans ceux qui sont infestés, les effets d'une contagion ruineuse pour l'agriculture et pour les propriétaires.

CARACTÈRES DE LA MALADIE.

« Dans tous les lieux où règne l'épizootie les hommes de l'art qui l'ont observée, s'accordent à la regarder comme une inflammation générale qui se termine toujours par celle du poumon ou du foie, le plus souvent par la première. »

CAUSES DE LA MALADIE.

« L'altération des fourrages par l'effet des pluies qui régnèrent l'année dernière, et occasionnèrent le débordement des ruisseaux et des rivières, à l'époque de la récolte des foins, doit sans doute être considérée comme une des causes principales de l'épizootie. C'est sur les bords de la Meuse, de la Moselle, du Rhin, de la Nalo et de quelques autres rivières dont les prairies ont été submergées, qu'elle s'est d'abord déclarée. Averti des effets funestes que devait produire une submersion aussi générale, je fis répandre sur les moyens de les prévenir, une instruction dont je ne puis trop recommander la lecture aux cultivateurs qui se trouvent cette année dans le même cas. »

TRAITEMENT DE LA MALADIE.

« Dès qu'une bête à corne paraît affectée de la maladie régnante, on ne doit pas hésiter à soumettre à ce traitement toutes celles de l'étable, quelqu'en puisse être le nombre. »

« L'expérience ayant constamment prouvé que les animaux qui guérissaient sans autre secours que ceux de la nature, devaient leur guérison à une éruption dont leur corps se couvrait; toutes les vues de l'art doivent se diriger vers les moyens d'amener cette éruption ou de la suppléer. »

« Ce serait en vain qu'on attendrait ces effets des cordiaux qu'on emploie presque exclusivement dans ces sortes de maladies; le vin, l'eau de vie, le cidre, la bière, le poivre, la cannelle, le girofle, la noix muscade, le gingembre, l'orviétan, la mithridate, la thériaque, le quinquina, et un grand nombre d'autres médicaments échauffants, ne produisent sur les bêtes à cornes aucun effet, à petite dose; à grandes doses, ils augmentent considérablement l'inflammation, et précipitent la perte des animaux.

« Ce n'est que par les applications extérieures, qu'on peut se flatter d'obtenir ces dépôts au vœu de la nature.

« Le séton chargé d'un caustique, remplit parfaitement le double objet d'attirer au dehors l'humeur qui tend à se porter sur le poumon ou sur le foie, et d'en favoriser l'évacuation.

« Le fanon que, dans quelques lieux, on nomme nappe; la nappe est la partie qu'on doit préférer pour y placer le séton.

« Il doit être placé de manière que les deux ouvertures se répondent de haut en bas, afin que l'humeur puisse s'écouler aisément.

« Pour établir un point d'irritation capable d'attirer brusquement cette humeur au dehors, on attache sur le séton (au milieu) un morceau d'hellébore noir, où l'on fixe avec un peu de linge du sublimé ou de l'arsenic en poudre.

« Lorsque l'engorgement a acquis le volume d'une tête d'homme, on retourne le séton, pour en retirer l'hellébore ou autre caustique dont on l'a chargé.

« Dans le cas où le séton ainsi préparé ne produirait pas, dans l'espace de 15 à 20 heures, un engorgement aussi considérable, on appliquera sur les deux côtés de la poitrine, après avoir rasé le poil, un large cataplasme vésicatoire composé avec une once de mouches cantharides et une once d'euphorbe étendues dans une suffisante quantité de levain qu'on maintiendra avec un bandage, et qu'on entretiendra jusqu'à parfaite guérison.

« On placera tous les jours, une heure le matin et autant le soir, dans la bouche de l'animal un billot autour duquel on aura disposé et maintenu avec un linge de l'ail, du poivre, de l'assa fœtida, des racines de poivre, de laudanum ou pied de veau, de feuilles ou de racines de grand raiford, de feuilles de tabac, le tout haché et pilé; une seule de ces substances peut suppléer toutes les autres.

« On donnera, autant qu'il sera possible, des aliments de la meilleure qualité; il sera bon de les asperger d'eau, sur un seau de laquelle on aura fait dissoudre une poignée de sel.

« Lorsqu'il sera possible de faire boire les animaux à l'étable, on blanchira leur eau avec un peu de son, et on y mettra un verre de vinaigre sur dix pintes ou environ.

« Le bouchonnement très-souvent répété, l'évaporation d'eau chaude sous le ventre, les bains de rivière, même lorsque l'eau sera échauffée favorisent puissamment la transpiration; les lavements avec l'eau légèrement vinaigrée, produisent aussi de très-bons effets.

« La propreté des étables, le soin de les tenir très-aérées, sont des conditions également essentielles. Lorsqu'il y aura eu des animaux malades, on se gardera bien d'en remettre de sains, avant de les avoir purifiées.

DÉSIGNATION DES ÉTABLES.

« Les fumigations aromatiques ou autres tant vantées, ainsi que le simple blanchissage à la chaux sont des moyens insuffisants pour purifier des étables infectées. C'est de l'eau ou du feu et surtout de leur combinaison, qu'on peut attendre cet effet.

Les murs, les mangeoires, les rateliers seront lavés très-exactement avec de l'eau bouillante; on les ratissera avec des balais de bruyère, de genêt, et mieux encore avec de fortes brosses, quand on pourra s'en procurer. On ne blanchira jamais à la chaux qu'après avoir ainsi lavé et ratissé. Si l'étable est pavée, il faudra laver avec l'eau bouillante et ratisser également les pavés, et on enlevera une couche de deux ou trois pouces qu'on brûlera et qu'on enfouira dans une fosse dont la terre qu'on en aura retirée remplacera celle enlevée de l'étable; on aura soin de battre le sol pour l'unir, l'affermir et s'opposer à l'évaporation qui pourrait s'élever des couches inférieures. On tiendra pendant quelque temps les écuries ouvertes jour et nuit, et l'on n'y remettra les animaux que lorsqu'elles seront parfaitement sèches.

Le Ministre de l'Intérieur,
Signé : BÉNÉZÉCH.

Suit l'arrêté du Directoire, qui approuve et ordonne l'insertion au bulletin des lois de la présente ordonnance.

Pour expédition conforme,
Signé : CARNOT.

Par le Directoire exécutif,
Le Secrétaire général,
Signé : LAGARDE.

ARRÊT

DU CONSEIL D'ÉTAT DU ROI, POUR PRÉVENIR LES DANGERS DES ANIMAUX, ET PARTICULIÈREMENT DE LA MORVE.

Du 16 juillet 1784.

Le roi étant informé des ravages qu'occasionnent sur les animaux, dans différentes provinces de son royaume, les maladies contagieuses dont ils sont attaqués et notamment celle de la morve; et considérant que cette maladie, contre laquelle on n'a trouvé jusqu'à présent aucun remède curatif, se communique, se propage et se perpétue par toutes sortes de voies; que l'écurie où un cheval atteint de la morve n'a fait que passer, les harnais et tout ce qui lui a servi reçoivent et communiquent ce vice épidémique qui ne tarde pas à se développer; qu'une des causes principales de la contagion ne peut être attribuée qu'à la négligence et à un intérêt mal entendu des propriétaires, marchands de chevaux et bestiaux qui, au lieu de déclarer le mal dès son principe cherchent à le déguiser, jusqu'à ce que les animaux qui en sont atteints soient absolument hors d'état de service, que des écarisseurs et autres après avoir acheté des chevaux et bêtes frappés de mal, sous prétexte de les guérir ou les abattre en font un trafic funeste, même dans la vente des parties mortes; S. M. jugeant nécessaire de réprimer des abus aussi contraires à l'agriculture et au commerce, et voulant y pourvoir : Ouï le rapport du sieur *de Calonne*, conseiller ordinaire au Conseil royal, contrôleur général des finances, le roi étant au conseil, a ordonné et ordonne ce qui suit :

Art. I. Toutes personnes, de quelque qualité et condition qu'elles soient, qui auront des chevaux et bestiaux atteints ou soupçonnés de la morve ou de toute autre maladie contagieuse, telles que le charbon, la gale, la clavelée, le farcin et la rage, seront tenues, à peine de 500 francs d'amende, d'en faire sur le champ leur déclaration aux maires, échevins ou syndics des villes, bourgs et paroisses de leur résidence pour être lesdits chevaux et bestiaux vus et visités sans délai, en la présence desdits officiers, par les experts vétérinaires les plus prochains, lesquels se transporteront à cet effet dans les écuries, étables et bergeries, pour reconnaître et constater exactement l'état des chevaux et animaux qui leur auront été déclarés.

II. Autorise S. M. les sieurs intendants et commissaires de partir dans les différentes provinces du royaume, à nommer autant d'experts qu'ils le jugeront à propos pour lesdites visites, choisir par préférence parmi les élèves des écoles vétérinaires; à leur défaut, parmi les maréchaux ou autres qui auront des certificats d'étude et de capacité du directeur de l'école vétérinaire ou qui auront subi un examen, sur les demandes qui leur seront faites en présence dudit sieur commissaire par deux artistes vétérinaires du département.

III. Seront tenus lesdits experts de prêter leur ministère toutes les fois et quand ils en seront requis par les officiers de maréchaussée, subdélégués, officiers municipaux et syndics pour examiner les chevaux et bestiaux suspects, comme aussi de se transporter à cet effet dans les marchés publics et dans les écuries des maîtres de poste, des entrepreneurs de messageries ou roulages et loueurs de chevaux, même aussi dans les écuries, bergeries et étables des particuliers, sur les déclarations et dénominations de mal contagieux qui auraient été faites à leur égard, en se faisant toutefois audit cas autoriser par le juge du lieu et accompagner d'un officier municipal ou du syndic de la paroisse; fait défenses S. M. à toutes personnes de refuser l'entrée de leurs écuries, étables et bergeries auxdits experts ainsi assistés; et d'apporter aucun obstacle à ce qu'il soit procédé conformément à ce que dessus auxdites visites dont il sera dressé procès-verbal, lors duquel en cas de difficulté, les parties intéressées pourront faire tels dires et réquisitions qu'elles aviseront, et il sera statué provisoirement et sans aucun délai par le juge qui aura autorisé la visite.

IV. Défenses sont faites à tous maréchaux, bergers et autres, de traiter aucun animal attaqué de la maladie contagieuse et pestilentielle, sans en avoir fait la déclaration aux officiers municipaux ou syndics de la résidence, lesquels en rendront compte sur le champ au subdélégué qui fera appliquer sans délai sur le front de la bête malade un cachet en cire verte, portant ces mots : *animal suspect*, pour dès cet instant être les chevaux ou autres animaux qui auront été ainsi marqués, conduits et enfermés dans des lieux séparés et isolés. Fait pareillement défenses S. M. à toutes personnes de les laisser communiquer avec d'autres animaux ni de les laisser vaguer dans les pâturages communs, le tout sous la même peine d'amende.

V. Les chevaux qui auront été attaqués de la morve, et les autres bestiaux dont la maladie contagieuse aura été reconnue incurable par les experts seront abattus sans délai, ensuite ouverts par les experts, lesquels appelleront à l'abattage et ouverture desdits animaux un officier municipal ou syndic qui en dressera procès-verbal pour être envoyé audit sieur commissaire départi ou à son subdélégué; et ce procès-verbal contiendra en détail le genre et le caractère de la maladie de l'animal et les précautions pour éviter la contagion.

VI. Les chevaux et bestiaux morts et abattus pour cause de morve ou pour toute autre maladie contagieuse pestilentielle seront enterrés, chairs et ossements dans des fosses de trois mètres vingt centimètres (10 pieds) de profondeur qui ne pourront être ouvertes plus près de 194 mètres 18 décimètres (cent toises) de toute habitation, et les peaux en seront tailladées; les écuries dans lesquelles auront séjourné des chevaux morveux, ainsi que les étables et bergeries qui auront servi aux animaux attaqués de maladies contagieuses seront, à la diligence des officiers municipaux et experts, aérées et purifiées; lesdits lieux ne pourront être occupés par aucuns autres animaux que lorsqu'ils auront été purifiés et qu'il se sera écoulé un temps suffisant pour ôter l'infection. Les équipages, harnais, colliers seront brûlés ou échaudés conformément à ce qui sera prescrit par le procès-verbal d'abattage qui aura été dressé et dont sera laissé copie pour, par les propriétaires ou autres, s'y conformer ainsi qu'à toutes les précautions qui auront été indiquées par les experts à l'effet d'éviter la contagion, le tout sous la même peine de 500 fr. d'amende.

VII. Fait S. M. défenses, sous les mêmes peines, à tous marchands de chevaux et autres de détourner, sous quelque prétexte que ce soit, vendre ou exposer en vente dans les foires et marchés et partout ailleurs des chevaux et bestiaux atteints ou suspectés de morve ou de maladie contagieuse, et aux hôteliers, cabaretiers, laboureurs et autres de recevoir dans leurs écuries ou étables ordinaires aucuns chevaux ou animaux soupçonnés de semblables maladies, auquel cas ils seront tenus d'en faire aussitôt la déclaration ci-dessus prescrite.

VIII. Autorise S. M. lesdits sieurs commissaires départis et leurs subdélégués, à commettre dans les villes, bourgs et villages de leurs généralités, tel nombre d'écarisseurs qui sera jugé nécessaire, lesquels seuls pourront faire l'enlèvement et écarissage des animaux morts dans les arrondissements qui leur seront prescrits, auxquels il sera délivré sans frais une commission par lesdits intendants et subdélégués, sans qu'aucuns autres puissent s'immiscer dans l'écarissage des chevaux et bestiaux, à peine de prison.

IX. Les écarisseurs ne pourront, sous peine d'être déchus de leur commission, d'amende ou de telle autre punition qu'il appartiendra, vendre et débiter aucune viande qui proviendra des chevaux ou animaux qui, suivant l'article 2, auront été abattus pour être enterrés.

X. Autorise S. M. toutes personnes à dénoncer les contraventions qui pourront être faites aux dispositions du présent arrêt; et lorsqu'elles auront été bien et dûment constatées, le tiers des amendes qui auront été prononcées et qui seront payables sans déport, appartiendra au dénonciateur auquel il sera en outre accordé une récompense proportionnée au mérite de la dénonciation.

XI. Seront tenus les maires et échevins dans les villes, et les syndics dans les campagnes d'informer, au premier avis qu'ils en auront, les intendants et leurs subdélégués, des maladies contagieuses ou épizootiques qui se manifesteront dans l'étendue de leur arrondissement, à peine d'être rendus personnellement responsables de tous dommages qui pourraient résulter de leur négligence.

XII. Toutes les amendes encourues aux termes des articles ci-dessus, seront payées sans déport, et les contrevenants y seront contraints par toutes voies dues et raisonnables, même par emprisonnement de leurs personnes.

XIII. Et seront les ordonnances rendues par la police des marchés aux chevaux et notamment celle du 8 juillet 1763, exécutées en leur contenu.

XIV. Ordonne S. M. que, conformément aux attributions ci-devant données, tant au sieur lieutenant général de police de la ville de Paris, qu'aux sieurs commissaires départis dans les provinces du royaume chacun en droit soi, ils continuent d'avoir exclusivement à tous autres juges, la connaissance des contestations qui pourraient survenir sur l'exécution du présent arrêt, ainsi que les précédents règlements et ordonnances intervenus au même sujet, sauf l'appel au Conseil; leur enjoint ainsi qu'aux maires, échevins et syndics, de tenir la main à l'exécution du présent arrêt, et aux officiers et cavaliers de maréchaussées et tous autres de prêter la main forte et assistance nécessaire à cet effet.

Fait au Conseil du roi; S. M. y étant, tenu à Versailles, le 16 juillet 1784.

Signé : le baron de BRETEUL.

ORDONNANCE DU ROI,

DU 25 JANVIER 1815 (SUR LES ÉPIZOOTIES.)

LOUIS, etc.

A tous ceux qui ces présentes verront, salut.

Sur le rapport qui nous a été fait par notre ministre secrétaire d'état de l'intérieur, de l'épizootie désastreuse qui enlève journellement un grand nombre de bœufs et de vaches, et qui paraît avoir été apportée dans plusieurs parties du royaume par les animaux amenés à la suite des armées étrangères.

Touché des pertes qui en résultent pour nos sujets, nous nous sommes fait rendre compte des efforts de l'administration dans cette circonstance, et nous avons eu la satisfaction de reconnaître que rien n'avait été négligé pour arrêter les progrès de ce fléau.

Voulant compléter les mesures prises précédemment et donner à nos sujets propriétaires et cultivateurs des preuves de notre vive sollicitude, en prévenant, autant qu'il est en nous, les suites funestes de l'épizootie et en procurant des indemnités à ceux qui auraient éprouvé des dommages par l'exécution des dispositions rigoureuses que commande l'intérêt général de l'état;

Nous avons ordonné et ordonnons ce qui suit :

ART. I. Dans tous les lieux où a pénétré l'épizootie et dans ceux où elle pénétrera par la suite, les préfets continueront de faire exécuter strictement les dispositions des arrêts du 10 avril 1714, 24 mars 1745, 16 juillet 1746, 18 décembre 1774, 30 janvier 1775 et 16 juillet 1784, et de l'arrêt du Directoire exécutif du 27 messidor an 5.

II. Sur la demande des autorités administratives; les gardes nationales, la gendarmerie, les gardes champêtres et au besoin les troupes de ligne seront employés pour assurer l'exécution des dispositions rappelées et indiquées dans le précédent article et notamment pour former des cordons et empêcher la communication des animaux suspects avec les animaux sains.

III. Dans les départements où la maladie n'a pas encore pénétré, les préfets ordonneront la visite des étables aussi souvent qu'ils le jugeront utile. Ils exerceront une surveillance active et feront les dispositions nécessaires pour que l'on puisse exécuter sur-le-champ, et partout où besoin sera, toutes les mesures propres à arrêter les progrès de l'épizootie si elle venait à se manifester.

IV. A la première apparition des symptômes de contagion dans une commune, il y sera envoyé des vétérinaires chargés de visiter les bestiaux et de reconnaître ceux qui doivent être abattus aux termes des règlements cités en l'article 1er. L'abattage aura lieu sans délai sur l'ordre des maires ou des commissaires délégués par les préfets.

V. Il sera dressé des procès-verbaux à l'effet de constater le nombre, l'espèce et la valeur des animaux qui ont été ou qui seront abattus pour arrêter les progrès de la contagion ; les extraits de ces procès-verbaux seront transmis par les préfets à notre directeur général de l'agriculture et du commerce, qui fera établir l'état des indemnités auxquelles les propriétaires de ces animaux auront droit, d'après les bases déterminées par les arrêts du Conseil des 18 octobre 1774 et 30 janvier 1775.

VI. Nos ministres secrétaires d'état de l'intérieur et des finances se concerteront pour nous soumettre un projet de loi sur les moyens de pourvoir à ces indemnités. Ce projet sera présenté aux chambres à leur prochaine session.

VII. Ils nous proposeront ultérieurement les mesures propres à assurer en tout temps des ressources suffisantes pour indemniser les propriétaires de bestiuax des pertes qu'ils éprouveront, soit par l'effet direct des épizooties contagieuses, soit par l'exécution des dispositions prescrites pour en arrêter les progrès.

VIII. Nos ministres secrétaires d'état de l'intérieur, des finances et de la guerre sont chargés, chacun en ce qui les concerne, de l'exécution de la présente ordonnance.

Donné en notre château des Tuileries, le 27 janvier, de l'an de grâce 1815, et de notre règne le 20me.

Signé : LOUIS.

FIN.

INDICATION CHRONOLOGIQUE

DES ARRÊTS, RÈGLEMENTS, ORDONNANCES, etc.

QUI CONCERNENT LES ÉPIZOOTIES.

Arrêt du Parlement	du 10 avril	1714.
Idem	du 24 mars	1745.
Idem du Conseil	du 19 juillet	1746.
Idem	du 18 décembre	1774.
Idem	du 30 janvier	1775.
Idem	du 16 juillet	1784.
Décret	du 28 septembre	1791.
Loi	du 19 juillet	1791.
Arrêté du Directoire exécutif	du 27 messidor	an 5.
Règlement du ministre de l'intérieur	du 29 fructidor	an 5.
Ordonnance du roi	du 27 janvier	1815.

INDICATION

DES ARTICLES DU CODE CIVIL

QUI INTÉRESSENT LA JURISPRUDENCE VÉTÉRINAIRE.

De la Garantie	Article 1641	...	1649.
De l'Échange	1702	...	1707.
Du Louage	1708	...	1712.
Du Cheptel	1800	...	1831.

CODE DE PROCÉDURE.

Des Arbitrages	1003	...	1042.

CODE PÉNAL.

Des Épizooties	459	...	462.

www.ingramcontent.com/pod-product-compliance
Ingram Content Group UK Ltd.
Pitfield, Milton Keynes, MK11 3LW, UK
UKHW021929190726
13853UKWH00002B/939